新手学养兰

刘振龙 编著

海峡出版发行集团 | 福建科学技术出版社
THE STRAITS PUBLISHING & DISTRIBUTING GROUP | FUJIAN SCIENCE & TECHNOLOGY PUBLISHING HOUSE

图书在版编目（CIP）数据

新手学养兰 / 刘振龙编著 .—福州 : 福建科学技术出版社 , 2019.1（2022.8 重印）
ISBN 978-7-5335-5733-1

Ⅰ . ①新… Ⅱ . ①刘… Ⅲ . ①兰科－花卉－观赏园艺 Ⅳ . ① S682.31

中国版本图书馆 CIP 数据核字 (2018) 第 252221 号

书　　名　新手学养兰
编　　著　刘振龙
出版发行　福建科学技术出版社
社　　址　福州市东水路 76 号（邮编 350001）
网　　址　www.fjstp.com
经　　销　福建新华发行（集团）有限责任公司
印　　刷　福州德安彩色印刷有限公司
开　　本　700 毫米 ×1000 毫米　1 / 16
印　　张　7
图　　文　112 码
版　　次　2019 年 1 月第 1 版
印　　次　2022 年 8 月第 4 次印刷
书　　号　ISBN 978-7-5335-5733-1
定　　价　29.50 元

编者的话

中国兰花是一种人格化了的花，人们在工作之余养兰花，可修身养性、陶冶情操；同时，兰花被称为“绿色古董”，人们在一个小庭院或阳台养兰，也可获得良好的经济效益。然而，无论是纯粹玩赏还是投资，把兰花养好、掌握赏兰的基础知识都是必需的。

2000 年，福建科学技术出版社约请著名兰家刘振龙编写了《兰花名品鉴赏与栽培》。该书出版后，一版再版，重印多次，深受读者喜爱，并被评为全国优秀畅销书。为了更进一步强化该书的实用性、通俗性及技术的可操作性，福建科学技术出版社又约请刘振龙编著了本书。

本书注重养兰经验性、技巧性方面的内容，例如对于兰花浇水，提供给初学者一种参照盆定浇水时间的方法。这一确定浇水时间的方法很实用，初学者采用一段时间，便可总结出适合自己植兰条件的浇水方法。同时，对于赏兰的基础知识，本书也讲解得简明扼要，易于掌握。此外，本书收入的名品不少为低价高品位的佳品珍品，适于初学者选购。

目录

兰花栽培技艺

兰花鉴赏基础

兰花栽培技艺

一般兰花爱好者养兰，多养精品兰，即瓣型花、蝶花、奇花、色花，以及叶艺品等。精品兰是相对于产量较高、价格较低的普通兰花而言，有较高的观赏价值和经济价值。一株奇特新品兰花一出现，往往受到广大兰花爱好者的追捧，价格甚高。但精品兰的价格会随着其繁殖数量的增多而下降。例如：莲瓣兰黄金海岸，2003 年前后每苗售价达 10 余万元，经十几年的繁殖，目前一苗仅十余元。无论是多么名贵珍稀的精品兰，把它养好都是第一要务。

莲瓣兰黄金海岸曾被炒成天价，如今一苗仅十余元

一、兰花生长习性

要养好兰花，首先必须了解它的生长习性。只要在山上采兰时，留意周边环境，就可了解兰花的生长习性。古人对兰花生长习性做了很准确的概括：喜润而畏湿，喜光照而畏暴晒，喜温暖而畏炎热，喜通风而畏狂吹。具体来说，有以下几点。

野生兰花生长环境（陈宇勒供）

①兰花生长需要阳光，但又不能暴晒。冬季可接受全日照，夏季要遮阴，春秋季要半遮阴。不同品种的兰花，要求的荫蔽度也不同。建兰、寒兰为60%~70%，春兰、蕙兰为70%~80%，墨兰为80%~85%。阳光过强时，兰叶偏黄色；阳光不足时，兰叶呈墨绿色。

②兰花生长最佳的温度，春兰15~25℃，建兰25~30℃，墨兰20~30℃。温度过低或太高都会影响兰花的生长。

③兰花喜欢新鲜而湿润的空气，害怕干燥，最佳的空气相对湿度为70%~85%。建兰、寒兰可稍偏干，墨兰、春兰可稍偏湿。

④兰花喜润而畏渍，因此植料应透气性能好，排水顺畅；否则，容易导致兰花烂根。

这些为我们科学养兰提供了依据，但在实践中应因地制宜，根据不同地区、不同季节、不同气候、不同兰花品种灵活把握。

二、兰室及其他设施准备

（一）兰室搭盖

大面积栽培兰花，采用钢架大棚、塑料大棚。

业余爱好者养兰，兰室不宜太大。应以小型温室为宜，面积控制在15~20 米^2。兰室有封闭式和半封闭式两种。结构可采用铝合金玻璃结构、钢架结构和砖木结构。兰室应坐北朝南，方可充分利用自然气候资源，达到冬暖夏凉的效果。兰花忌暴晒，但要有充足的光照，兰苗才能健壮生长。所以屋面板应选用特制的透明塑膜或透明的聚碳酸酯（PC）波浪板，再配备活动的遮阳网，以调节兰室光照量。屋面板应保持 20°~30° 的倾斜，以利雨天排水。四周用铝合金玻璃镶密或用木板条或钢丝网封密。

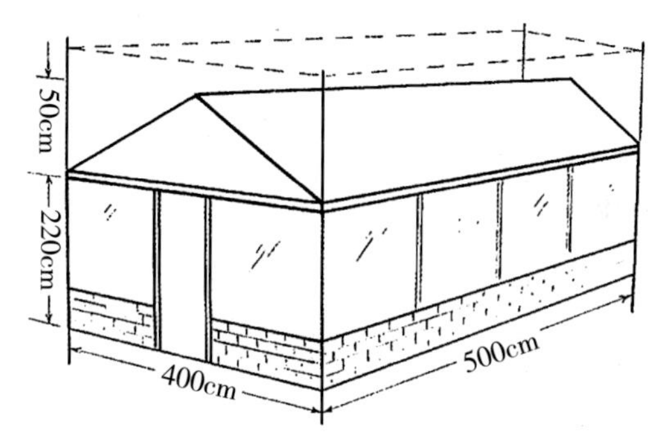

全封闭铝合金玻璃结构养兰温室示意图

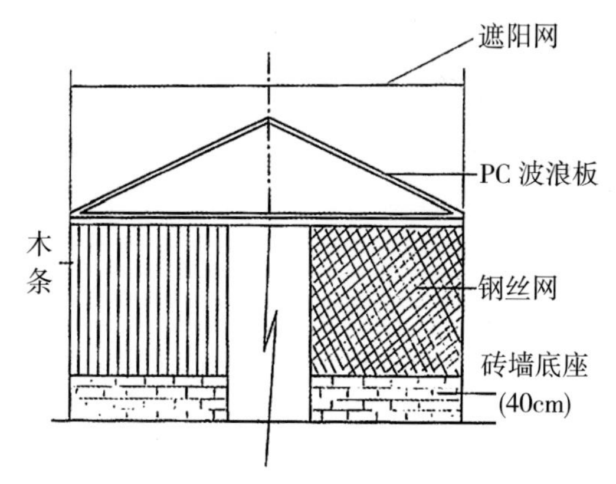

砖木结构简易兰室示意图

此外，还应配备相应的防盗安全设施。

全封闭铝合金玻璃结构养兰温室

砖木结构简易兰室

（二）兰室温湿度调节设施配备

人工栽培兰花，生态环境发生了很大变化，必须采取有效措施，夏季降温防暑，冬季保温防寒，同时调节兰室的空气相对湿度，创造一个适宜兰花生长的小气候。具体来说，可采取以下措施：

①设置活动遮阳网，控制兰室内的光照量，调节兰室温度。即应在兰室屋顶内外各装置一层遮光率 75%~80% 的活动遮阳网(露天兰室则直接在顶部挂两层遮阳网)。在一般情况下，启用屋顶室外一层遮阳网即可。在盛夏，光照强烈，内外气温高，两层遮阳网同时启用。阴雨天都不启用，以保证兰室内有一定的漫射光。冬季应少遮阴或不遮阴，增强光照，提高兰室气温。

此外，兰室东西两侧也应各设置一层垂帘式活动遮阳网，以防盛夏阳光从侧面直射兰苗。

露天兰室春秋季启用一层遮阳网

②装置通风排气设施，降低兰室气温。通过通风排气，排去室内热气，换进新鲜空气，不仅可以降低兰室气温，还可以减少兰苗病虫害的发生。在通常的情况下，应在南北或东西安装相向换气扇，一高一低相对应，高处排出热气，低处送进新鲜空气补充，形成对流，降低室温。

装置通风排气设施

③装置喷雾设施，降低兰室气温，提高兰室空气湿度。一般可以配置雾化喷雾器或喷雾加湿器。适时喷雾加湿，能达到降温防暑的效果。因为水分蒸发时要吸收大量的热能，可使兰室的温度明显降下来。

喷雾加湿器

装置喷雾设施

④在兰室内的兰盆架地面上砌盛水设施，或铺一层 3 厘米厚河沙或木炭，注满水，也可以明显提高兰室的空气湿度。

若经济条件较好，在兰室内装备温湿自动调节设施，那就更为理想了。

现代兰室装置水帘，加湿降温效果明显

（三）盆架制作

兰室里应配备放置兰盆的框架，将盆兰悬空放置培育，以利通风透气，促使兰苗根系健壮发达。实践证明，盆兰放置在盆架上莳养和放置在地面莳养效果不大一样。前者由于光照较充足，通风透气，兰苗根系粗壮发达，假鳞茎结实饱满，兰株翠绿健壮，萌芽率、着花率均较高。后者相对光照不足，通风透气较差，兰苗根系少而细，假鳞茎小且迟成熟，兰株深绿嫩弱，着花率、萌芽率明显较低。

兰盆架可采用木材（杉木较好）或钢材制作。木材盆架可用 8 厘米 ×6 厘米方木为框，5 厘米 ×3 厘米方木为支条钉制而成。框架宽 120 厘米，长度根据实际情况而定。由于兰室内常年空气湿度较高，木材较容易腐烂，故最好采用钢材制作。钢材盆架可用角钢

木材盆架

镀锌钢管盆架

铝合金兰架（雅兰添香摄）

不锈钢兰架

做框，中间用方钢焊接而成。盆架高 50 厘米左右，间宽分别为 12 厘米（置兰盆）和 8 厘米（行距）。使用前应先涂好防锈涂料，以提高使用寿命。也可以用镀锌钢管、铝合金、不锈钢矩形管制作，它们不易生锈，但成本较高。

三、阳台养兰前准备

现代城市居民养兰，大多只能在阳台养兰。与兰室相比，阳台条件相对较为恶劣，如：风力大，夏天吹热风，秋天吹燥风，冬天吹寒风；空气湿度低，植料容易干燥，保湿难。不同朝向、不同楼层及不同周边环境，其光照、温度、湿度条件也不同。养兰以南向阳台为佳，冬季阳光充足，夏季基本照不到阳光；东向阳台上午阳光充足，也较适于养兰；西向阳台午后光照太强，尤其是夏季，但经过改造也可养兰；北向阳光光照不足，不宜养兰。

阳台的改造要以满足兰花的生长对环境条件的需要为目的。立足于本地的气候条件、阳台朝向以及经济条件等，解决现有阳台制约兰花生长的不利因素，创造适于兰花生长的环境条件。

南向阳台冬季阳光充足，夏季阳光少，最适于养兰（陈宇勒供）

阳台风大、干燥，这是养好兰花的最大障碍。为了改善阳台干燥的环境，保持较高的空气湿度，可将阳台封闭。封闭阳台可用铝合金、钢、木框结构加玻璃窗，它具有与温室相近的一些特性。与开放式的阳台相比较，封闭阳台保湿效果好，但容易出现闷热而导致病虫害发生。此外，对于冬季寒冷地区而言，封闭阳台还有保温作用。

封闭阳台，有利于抗风保湿（陆明祥摄）

阳台上设置封闭小兰室（淡淡摄）

北方地区以及江南地区的冬季，兰花要在封闭阳台或室内培养；而广东、海南、台湾、福建、广西等地，冬季较为暖和，不需温室，不必为了保温而将阳台封闭。

南方地区阳台养兰可不封闭阳台（陈宇勒供）

南向阳台，盛夏从西侧射入的阳光可能过强，必须采取遮阴措施。挡日光有两种简易方法：一是种植藤本植物或间种阔叶多叶的植物遮强光；二是挂遮阳网，避免阳光直射。装有防盗网的阳台，可用遮阳网或竹帘、芦苇帘等遮阴。

东向阳台，上午阳光充足，在夏季以及春秋季都要有不同程度的遮阴，可搭建遮阴架子，挂可收放的遮阳网等遮阴物，亦可采取其他遮阴措施。

东向阳台上午阳光足，要设置遮阳网（淡淡摄）

西向阳台下午阳光足，尤其是夏季，更要做好遮阴工作。其遮阴方法可参照南向阳台。

阳台空气湿度往往不足，可在阳台地面设置水槽，或在地面铺上沙或海绵等，利用沙、海绵蓄水来提高空气湿度。此种做法，一定要做好阳台地面的防渗处理。当然，如有条件，配备自动湿度控制器或喷雾加湿器是最好的了。

兰架下方设置水槽（淡淡摄）

四、兰盆、植料及栽培工具准备

（一）兰盆选择

兰盆的选择应考虑几个因素：一是有利于兰苗生长，这是最重要的；二是美观；三是经济耐用。

目前植兰用盆种类颇多，主要有塑料盆、瓦盆、素烧陶盆、彩釉瓷盆和紫砂盆。形状以喇叭筒形为主。素烧瓦盆透气性好，价格低，但易破碎，易长青苔，有失雅观。彩釉瓷盆较雅观，可做装饰品，但透气性差，价格较高，不常使用。紫砂盆有深盆、浅盆两种，较为美观，透气性尚可，家庭养兰经常采用。目前普遍采用的是口径15厘米、高18厘米的黑色塑料喇叭圆筒形兰盆，其特点是排水顺畅，盆侧、底部都留有气孔，可弥补透气性较差的缺陷；价格便宜，轻便耐摔，运输方便。

高雅的紫砂盆

古意盎然的老紫砂盆（叶军然摄）

价廉耐用的喇叭圆筒形塑料盆（陆明祥摄）

透气性良好的瓦盆（陆明祥摄）

兰盆形状、色泽要与兰花株型、环境协调（叶军然摄）

（二）植料配制

对兰花植料的要求是排水通畅、通气性好、能保持适当的湿度。目前，兰界栽培精品兰普遍采用的有植金石、仙土、塘基石、小碎石、腐叶土、腐熟松树皮、草炭土、腐熟花生壳、火烧土颗粒、碎砖粒、珍珠岩、蛇木、椰糠等。使用前要将材料用清水浸泡半小时后捞出沥干待用。

植金石

仙土

塘基石

腐叶土（郑为信摄）

腐熟松树皮（郑为信摄）

腐熟花生壳

蛇木

椰糠

珍珠岩

一般将几种植料混合使用，这样效果会更好。经兰友长期试验，如下配方效果较好。

①腐叶土 25% ＋珍珠岩 25% ＋腐熟松树皮（小块）或蛇木 25% ＋小塘基石 25%（郑为信研制）。

②植金石 65% ＋仙土 35%。

③腐熟松树皮 60% ＋植金石 40%。

④腐熟花生壳 100%。

植料：腐叶土、珍珠岩、腐熟松树皮（小块）、小塘基石各 25%（郑为信摄）

植料：植金石 65% ＋仙土 35%

植料：腐熟花生壳 100%（魏昌摄）

⑤腐叶土 50% +珍珠岩 50%。

⑥栗树叶 80% +塘基石 10% +珍珠岩 10%。

⑦腐叶土 40% +珍珠岩 30% +小塘基石 30%。

⑧腐叶土 40% +河沙 40% +木屑或细刨花 20%。

⑨河沙 50% +园土或烧透的蜂窝煤渣 30% +稻谷皮（经发酵、消毒处理）20%。

（三）栽培工具配备

栽培兰花一般必须配备如下工具：

①剪刀或刀片（用于修剪兰苗和分株）。

②温度计、湿度计（用于监控兰室温度、空气湿度）。

③水缸或水桶（用于配制药剂、稀释肥料、清洁兰苗）。

④标签（标示品种名称）。

⑤塑料盆（用于配植料等）。

⑥浇水壶（用于喷水、施肥、喷洗叶面）。

⑦喷壶或喷雾器（用于喷洒农药、叶面肥）。

五、兰花分株繁殖（翻盆）

精品兰的来源主要有四个方面：一是前人传下来的传统名品；二是山采兰中发现的变异品种；三是传统兰中出现变异；四是采用现代科学技术杂交方法培育的新品种（科技草）。

莳养兰花，一般用分株法繁殖。一盆兰花经两年的培育，或一盆兰花繁育到满盆时，此时就必须翻盆分株。

（一）分株时间

有温室设施者长年可分株。一般自然环境养兰，在春秋两季进行效果更佳，因为春秋两季气候温和，不冷不热，有利于兰苗生长。少量引种则四季分株均可。

（二）苗数确定

多以子母苜连代种植一盆为宜，即一母带一子或一母带两子。但若子苜植株健壮、芦头饱满、根系发达，也可单株分植，以提高繁殖速度（适于建兰）。老株（爷苜）应单株两三苗种植一盆。无叶的芦头应集中另行处理。当然，家庭养兰，考虑到观赏效果，也可以稍大丛兰株为一盆。

（三）分株程序

1. 翻盆

扣水晾干植料

震松植料，使根脱离盆壁

小心拔出兰株

找准“马路”（假鳞茎连接茎），
用刀片切开（切口越小越好）

小心分离兰株

清理兰株，摘去干枯叶鞘等

剪除烂根

清洗兰根

晾干待种

2. 上盆

备好兰盆、植料等

将兰株置于盆中，注意控制其位置和深度

加入部分植料

轻拍盆壁，并用小木棍将植料拨到根丛空洞处

继续加入植料

再轻拍盆壁，以震实植料

用手将植料拨到根丛空洞处

植料添加至接近假鳞茎为止

用陶粒等颗粒植料覆盖盆面

浇定根水

盆面撒数粒魔肥

将其置于阴凉处（1周）

（四）分株时注意事项

①整个翻盆分株过程应仔细，尽量不要损伤花芽、叶芽、根。名贵品种最好在分株伤口处敷上广谱杀菌农药（如多菌灵）。

②使用的刀具要随时消毒，以防潜在病菌感染兰株。

③用过的兰盆，应清洗干净，晒干后再用。旧植料一般弃去不用；如要用，应经清洗暴晒并筛去细末后才能再用。发生病害的兰盆植料应放弃，兰盆清洗干净并经消毒处理后方可继续使用。

④填充植料应先放粗颗粒再放中颗粒最后放细颗粒。边填边轻拍盆壁，使兰根和植料能均匀接触。植料紧松应适度：过松，根系不能紧贴植料，不利于吸取水分、肥料；过紧，不利于根系通风透气。植料不宜填得太满，应留有浇水、施肥的空间。一般植料离盆沿1~1.5厘米即可。

在分株伤口处敷上广谱杀菌农药（陆明祥摄）

⑤栽种深度要适宜，一般使用颗粒植料，可将假鳞茎盖住；使用粉质植料，应保持假鳞茎露出植料1/3~1/2。爷莒或无叶老头（无根或根老化的假鳞茎）应用水苔包好后以新鲜河沙为植料，另行培育，待发芽长根后再上盆种植。

采用颗粒植料，可将假鳞茎盖住（陆明祥摄）

六、兰花水分管理

水是生命之源。缺水，兰花叶片无法进行光合作用，将严重影响兰株正常生长。但水分太多了也不行，它会挤占兰盆植料中的空隙，造成缺氧，影响兰根的呼吸作用而产生闷根烂根，引发死苗。兰花根是半气生肉质根，最忌缺氧闷根。许多初养兰者失败的原因是盆土过黏、浇水过勤。所以水分管理成为栽培兰花的一个重要环节。

（一）浇水时间确定

多少天浇一次水？许多初学养兰者都会提出这个问题。这个问题不能简单地一概而论，应根据不同季节、不同的天气情况、兰株不同生长期、兰盆不同的质地、植料保水性的差异而有所区别。一般应掌握盆干即浇、浇则必透（盆底明显漏出水）、有干有湿、干湿相间的原则，保持兰盆植料干而不燥，润而不渍。为此，多雨、湿润的春天浇水次数要少些，高温、干燥的夏天浇水次数要多些。素烧陶盆透气性好，易干燥，浇水次数要多些；塑料盆透气性差，浇水次数要少些。颗粒植料排水性强、透气性好，浇水次数要多些；泥土植料保水性强、透气性差，浇水次数要少些。春秋季节兰株处于旺盛生长期需水量大，浇水次数要多些；冬季兰株处于休眠期和盛花期，浇水次数要少些（花期前适当干些有利于花芽形成，花期适当干些可延长花期）。

采用颗料植料，植料易干，浇水次数要多些

确定合适的浇水时间至关重要。简易的判

断方法是，拨开盆面植料，察看两三厘米深处的干湿情况。如已干燥，则必须浇；如还处于湿润状态，则不必浇。此外，对于初学者而言，也可在上盆时用同样盆和植料装一盆（不种兰），这样没有把握确定是否需要浇水时，可将其倒出，观察其盆内植料干湿状态，从而做出决定。

（二）水质处理

用什么样的水浇兰花？浇兰用水应是干净不受污染、矿物质含量不超标、pH5.2~6.5 的清洁水。有些兰书提出浇兰用水最好用雪水或雨水，这可能不太现实。受季节和气候的限制，雪水或雨水无法满足常年用水之需；此外，近年来空气污染日趋严重，酸雨频频发生，若用这样的水浇兰花未必有好处。不受污染的河水是较理想的浇兰用水。所以若兰棚兰室建在不受污染的河边，可直接引水浇兰。许多地方的自来水可直接用于浇兰花，水质较差的自来水经一天沉淀或稍作处理后也可用于浇兰花。经测定，矿物质和 pH 不超标的井水也可以浇兰花。

井水或自来水的处理方法。

水质较好地区可直接用自来水浇兰花

①将自来水放入水缸或水桶、盛水池，存放24小时，让水中的氯气挥发掉。若有阳光暴晒，1小时即可。弃掉沉淀物，取其清水浇兰。

②如水过酸或过碱，须调整水中的酸碱度（pH）。先用试纸测试水的酸碱度。pH高于7即呈碱性，pH低于7即呈酸性。兰花喜欢微酸性的水质（pH5.2~6.5）。若过碱，可用食用醋或柠檬酸进行调整；若过酸，用氢氧化钠调整至微酸，方可浇兰。

（三）浇水时间及方法

一般认为炎夏应在清晨或傍晚6时以后浇水，以免灼伤兰花苗；寒冬宜在中午前后浇水，以免冻伤兰株。

浇水方法，可以用装有莲蓬头的塑胶软管直接接自来水管进行喷浇，或装备小型水泵，从蓄水池抽水喷灌。但要注意控制开关大小，调节好适宜的压力，以免影响浇水速度或冲伤兰苗。也可以手提带有莲蓬头的喷壶顺盆沿浇灌。浇水时应先喷叶面，再浇兰根，后喷兰盆沿，以保持兰株兰盆洁净。浇水后应及时通风排气，吹干兰苗叶面上的水分。

七、兰花肥料管理

有人说兰花生于山谷，可不施肥或少施肥。这是一种误导，只有科学施肥，满足兰花各个生长时期的养分需要，才能使兰花长得又快又壮。科学施肥就是要根据不同的兰花种类、不同的生长期，按不同的用量及肥料元素搭配比例进行施肥。兰花种类不同，需肥量也不同。如发芽率较高的建兰、蕙兰需肥量就较大。春兰植株较小，需肥量较少。同一种类的兰花，不同生长期需肥量和所需肥料元素也不同。春秋发芽期应多施氮肥，加快兰苗开叶成株；半成株后，应多施些磷钾肥，促进叶片肥厚、假鳞茎饱满、植株强壮和花芽分化。

（一）肥料选择

常用的肥料有两大类，即有机肥和无机肥。

自制有机肥〔用烧透猪骨（左），敲成碎块，施盆面；黄豆加水发酵（右），稀释 100 倍后浇施〕

有机肥又称农家肥。有麸肥（黄豆饼、花生麸、菜籽麸等）、骨粉、人尿、牛粪、羊粪及羽毛、杀鱼的废弃物（鱼鳞、鱼内脏、鱼腥水）、洗米水等。这些有机肥不能直接施用，通常要经过发酵后才能使用。发酵方法可用坛、罐等盛器贮存，加水密封，或掺土拌均匀洒水堆放后用塑料薄膜封闭，并每隔 10 天向内注水一次，让其高温发酵，至无臭味时方可施用。

云南地区常用腐熟的羊粪做基肥，将其放在盆面上，可提供较全面养分。

沼气池水也是很好的有机水肥，稀释后浇兰效果不错。

草木灰含有较多的钾，也可以酌量施用。据台湾卜金震介绍，取一奶粉罐稻草灰加水 10 千克浸泡两个星期，并每天搅拌 1 次，澄清过滤后加水 4 份，每周定期浇一次兰花，叶片可增厚加宽，假鳞茎可长得粗大。

无机肥又称化肥，主要有氮肥（硫酸铵、硝酸铵、尿素等）、磷肥（过磷酸钙、磷酸铵等）和钾肥（硫酸钾、氯化钾等）。还有一些微肥、复合肥（磷酸二氢钾等）。其中，磷酸二氢钾常作为叶面肥用于养兰，有明显的催花效果。

花宝和魔肥是美国研制的两种含有多种肥料成分的花卉专用肥，在兰界精品兰栽培中得到广泛应用。

花宝是含有多种肥料成分的粉末状固体花卉专用肥。它有 1~5

花宝和魔肥等

号系列产品，根据兰花生长期所需的养分确定不同的配方。花宝用法简单，只需根据兰花不同生长期选用不同标号的花宝，加水1000~2000倍，喷施或浇施即可。

魔肥是缓释的长效复合颗粒肥，用法简便。盆径15厘米的盆兰，只需在盆面施放10~12粒的魔肥，每次浇水即可释溶部分供应兰株吸收。肥效可达数月之久。魔肥清洁无味、施用安全、不伤兰株，是栽培精品兰理想的肥料。

现代家庭养兰，考虑到卫生，一般较少采用有机肥。如采用含养分的植料（如仙土、腐叶土等），可不施肥，或在促芽催花时用一些叶面肥（如花宝、磷酸二氢钾）；如采用不含养分的植料（如塘基石、植金石等），则在兰花上盆时施一次魔肥，可在数月内不必施其他肥，或只需在生长旺盛期喷一两次叶面肥即可。

（二）施肥方法

施肥方法普遍采用以下4种：

①种植兰花时将有机肥放于盆底或混合在植料里做基肥。

②种植时将固态肥撒于盆面做基肥。

③浇根，即将发酵过的水肥或化肥溶解稀释后直接浇灌盆里。

④喷洒叶片（即施叶面肥或根外施肥），即将肥料稀释成一定

的浓度，用喷雾器喷洒兰叶。

（三）施肥时注意事项

①坚持薄肥勤施的原则，忌施浓肥，避免烧根伤苗。有机水肥应稀释10~25倍，化肥应稀释1000~2000倍。基肥不宜施放太多。

②有机肥一定要经过充分发酵后才能使用，否则生肥在盆土里发酵将产生高温并释放有毒物质而烧根伤苗。

③肥料应尽量撒放在盆沿，不能触及假鳞茎、叶芽和花芽，以免造成肥害。

④施肥后1~2天内应浇一次透水。

⑤据专家测定，兰花在不同生长期对氮、磷、钾肥需求配比是：幼苗期3:1:1，成苗期1:1:1，开花期1:3:1。采用配方施肥时可参考。

⑥施肥最适宜气温为18~25℃。春初，气温稳定回升，兰芽开始萌动，即应开始施肥，到盛夏高温时应暂时停止施肥；气温回落到25℃后就可继续施肥，到秋末兰花逐渐进入休眠期，应停止施肥。

线艺兰应控制氮肥用量（墨兰金鸟）

⑦施肥一般在傍晚进行。叶面肥宜在上午10时前施用。

⑧有机肥和无机肥、叶面肥和根肥应相间交替进行，不宜同时重复施用。

⑨栽培线艺兰，氮肥、有机肥和微肥应控制使用量，以防“跑艺”。

八、兰花病虫害防治

兰花同其他植物一样，经常要受到病虫危害而不能正常生长，甚至死亡，所以做好兰花病虫害防治工作十分重要。

（一）病害防治

兰花病害主要是由真菌、细菌和病毒三大病原感染引起，导致植株出现黑斑、溃疡、霉变、褐斑、坏死等。其中真菌病占 2/3 以上。

1. 真菌病害

真菌从寄主身上吸取养分，破坏组织，造成兰花植株出现病斑、枯萎、坏死、腐烂以至死亡。真菌病主要有以下几种。

①炭疽病。又叫黑斑病，是兰花常见病害之一，是由刺盘孢菌感染引起的，主要危害叶片。初期出现若干暗褐色或浅灰色的小点，后逐步扩展呈圆形或椭圆形大斑，常为黄色带所包围。当暗色组织病斑发展时，周围健康组织变成黄色或灰绿色。受害兰花生长不良，轻者失去观赏价值，重者甚至死亡。

炭疽病症状（1）

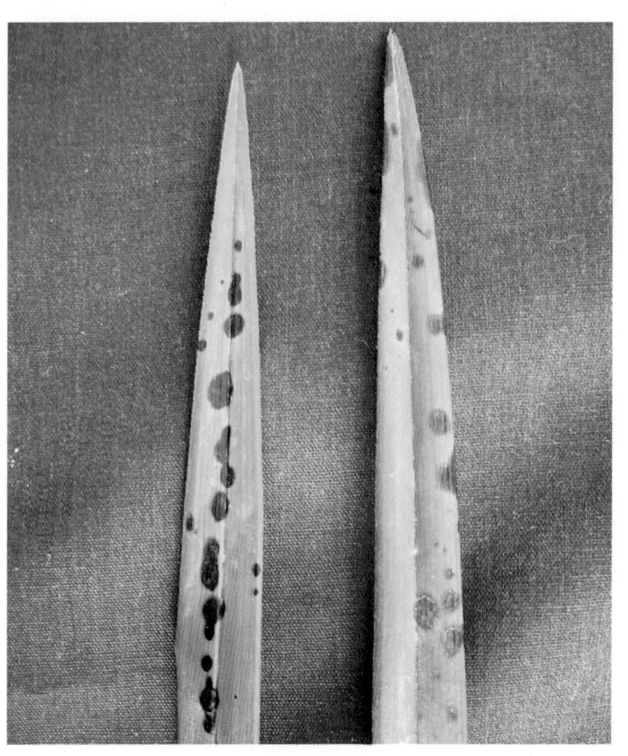

炭疽病症状（2）

防治办法：及时剪去受感染严重的叶片并予以烧毁，以防病害蔓延。切口必须距离病斑2厘米以上。药物防治，发病前可用代森锰锌、甲基硫菌灵喷洒预防，发病时可选用咪鲜胺锰盐、苯醚甲环唑、吡唑醚菌酯等药物喷杀。

咪鲜胺锰盐

②白绢病。由小核菌引起，主要危害兰花新芽。未出土的幼芽、幼小的假磷茎和幼根受侵染后幼嫩组织被解体，渗出黄色液体而腐烂。兰花接近地面的茎基部和肉质根初期变褐色并腐烂，出现白色绢状菌丝向周围蔓延，引起兰株脱落死亡，甚至殃及整盆兰花。

白绢病症状（1）

白绢病症状（2）

防治办法：发现病情应及时翻盆，清理病株，剪去烂根并用嗯霉灵溶液清洗兰株，晾干后用新植料重新栽种。发病期可用嗯霉灵或敌磺钠溶液喷洒兰株、盆面，灌浇茎基和根部。盆面撒草木灰也有一定的防治效果。

嗯霉灵

③叶枯病。为李属柱盘孢所致。病初在叶片上出现红褐色小斑点，后迅速扩大，病斑成为圆形，发生在叶缘则呈半圆形。初期病斑呈淡褐色水渍状，后期病斑边缘变红褐色，致使兰花叶片大面积干枯，严重影响外观，并可迅速致使兰株死亡。

叶枯病症状

防治方法：及时剪除病叶和清理落叶，药物防治可用苯醚甲环唑、代森锰锌等喷洒。

④茎腐病。又称枯萎病，俗称烂头。为尖孢镰刀菌所致。发病

茎腐病症状（1）

茎腐病症状（2）

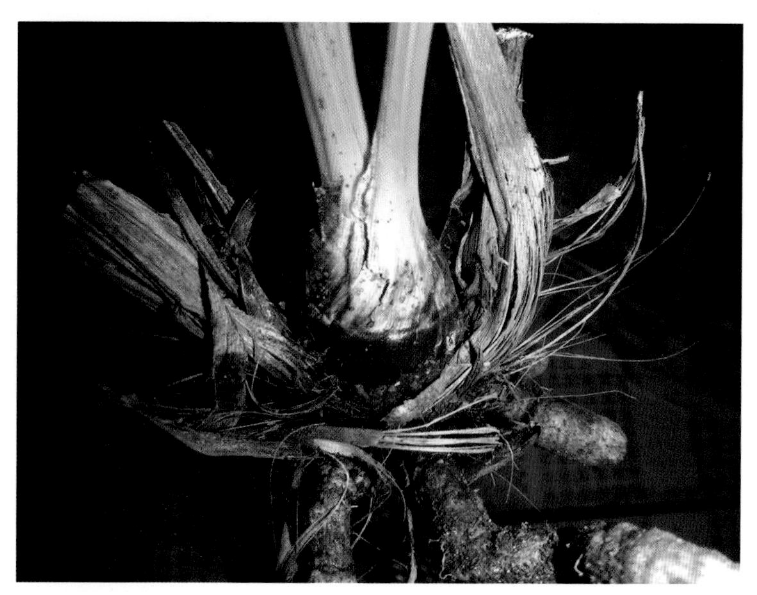

茎腐病症状（3）

茎腐病症状（4）

茎腐病症状（5）

时叶片从基部向上逐渐变黄萎蔫，假鳞茎变细扭曲、萎缩变黑，最后导致根系腐烂，整株兰苗枯萎死亡。茎腐病是兰花主要毁灭性病害。

防治办法：发病时翻盆，去除病株（邻近的外观健康的苗多去除一苗），用 70%噁霉灵可湿性粉剂 800 倍液浸泡病根及假鳞茎，半小时后取出，晾干后，用新植料、新盆种植。

2. 细菌病害

兰花细菌病害病原多为欧氏菌属、假单胞属细菌。这些细菌寄生在兰株上，产生毒素，引起腐败，致使组织死亡。细菌病害与真菌病害不同之处在于患病处易腐烂，且发出一种恶臭味。

软腐病也称蘖腐病，为软腐欧氏杆菌侵染所致，是兰花常见病

软腐病症状（1）

软腐病症状（2）

害。感染初期叶片上出现黄色水渍状小斑点，后逐渐变为褐色或近黑色。夏初梅雨季节，兰花的幼芽、幼苗最易感染此病。发病时幼芽、幼苗基部变为褐黑色，向上部蔓延。用手轻轻一拔，即可将其拔出，可见基部腐烂，有黏液，并发出恶臭味。严重时感染假鳞茎，致使假鳞茎发软皱缩，逐渐腐烂，殃及整盆兰花。

防治方法：及时除去病株，喷洒噻菌铜溶液。

噻菌铜

3. 病毒病害

病毒病也叫拜拉斯。其主要危害是破坏寄主细胞正常的生理代谢活动。在兰花体内，病毒破坏了细胞内的叶绿体，而使细胞失绿，叶片组织黄化或坏死，叶面病斑凹陷，呈黄白色或浅绿色，容易

病毒病症状（1）

病毒病症状（2）

误认为出斑艺。这种病毒遗传性强，是当前兰花大敌，尚无有效药可杀灭病原，所以只能预防。

预防方法如下。

一是尽量不要到有病毒病原的兰圃、兰园购买种苗。购买兰苗时要细心观察有无病毒病症状，最好是选购子母莒连代兰苗，因为母莒兰苗携带的潜在病毒往往不易被发现，而子莒开叶后，如有病毒病则病斑症状明显，一目了然。

二是一旦发现兰株感染病毒，应及时清理烧毁，并废弃植料，用 5% 福尔马林溶液消毒盆具、工具、兰架等。

三是要严格消毒刀具，防止机械传染。一把剪刀就可能把病毒传遍整个兰圃。消毒方法是：将用过的刀具清洗干净后浸泡在 5% 的福尔马林溶液里 6 秒钟以上，或放在酒精里浸泡一下，再用火焰烧几秒钟即可。

四是消灭传毒媒介。昆虫咬了带毒兰株，再咬健康兰株，就可能把病毒传染给健康的兰株，所以应把预防病毒病与防治害虫有机结合起来。

五是注意保持兰室兰棚通风透光，兰棚兰室空气过于干燥和闷热也较容易传播病毒病。

（二）害虫及软体动物防治

昆虫对兰花的危害主要有两个方面：一是刺吸兰花叶液，致使兰株叶片卷缩、发黄、干枯，甚至死亡。二是传播病菌、病毒。所以兰花害虫防治十分重要。危及兰花的害虫及软体动物主要有介壳虫、蓟马等。

1. 介壳虫

介壳虫又称蚧，主要寄生于叶上，成虫被覆有白色或其他颜色的分泌物（称介壳），易于识别。介壳虫不仅吮吸兰花液汁，而且招致病害，影响叶片光合作用。

介壳虫危害状（1）

介壳虫危害状（郑为信摄）（2）

防治方法：人工清除虫体，用毛刷刷后再用水清洗。药物防治可喷洒氧乐果、杀扑磷。改善通风条件，避免高温高湿，可以防止介壳虫蔓延。

氧乐果

2. 蓟马

蓟马是兰花重要害虫之一。以若虫和成虫刺吸叶芽、花蕾、花朵的液汁，严重影响兰花幼苗、花芽生长，甚至造成幼苗、花芽枯萎，花瓣卷缩干枯。建兰花期正值高温，蓟马危害严重。

防治方法：用毒死蜱、敌百虫等农药喷洒。由于蓟马繁殖快，盛发期应坚持每10天喷洒1次，确保兰花叶芽、花芽正常生长。

蓟马

蓟马危害状（1）

蓟马危害状（2）

3. 粉虱

粉虱体型小，全身有白色蜡质粉状物，常聚集于叶背，刺吸液汁，造成植株生长不良。严重受害株凋萎死亡，并引发病害感染。

防治方法：粉虱繁殖快，发现后应及时用马拉硫磷、溴氰菊酯等农药喷杀。

4. 螨虫

螨虫体型极小，长不到1毫米，刺吸叶液、根汁，传播病菌、病毒，危害兰花。

防治方法：喷洒三氯杀螨醇、炔螨特等农药。

5. 蛞蝓、蜗牛

蛞蝓、蜗牛均属软体动物，多以夜间活动，蚕食兰花幼芽、嫩叶，传播病毒、病菌。

防治方法：一是人工捕杀；二是用敌百虫加饵料（糠麸、青草）诱杀；三是撒生石灰封堵蜗牛、蛞蝓通道；四是施用四聚乙醛。

（三）防治病虫害时注意事项

①务必分清是真菌病还是细菌病，两者用药完全不同。用防治真菌病的药治细菌病无效；反之亦然。至于是哪种真菌病或细菌病无法确认时，可选用广谱性药剂，如广谱性真菌药剂对所有真菌病均有一定的防治效果。

②防治兰花病害应以防为主，高温高湿天气应做好通风降温和喷药防病工作。

③喷施药物宜在气温较低的上午或傍晚进行。

④稀释药液浓度应按照使用说明书调配。浓度过高，会产生药害；浓度过低，效果不佳。还要注意有效期限。

⑤喷洒农药要全面、均匀，叶面、叶背、盆沿、地面都要喷洒到。

⑥如两种药物混合使用，要先看说明书，以免产生化学反应而失去药效或伤害兰苗。

⑦不要长期使用一种农药，应多种农药交替使用，以免病原产生抗药性，影响防治效果。

⑧家庭阳台养兰，尽量选用高效低毒农药，以免污染居家环境。农药多含有毒性，使用时应注意人身安全。

兰花鉴赏基础

根据有关专家研究，兰科植物全世界有1000多属20000多种，其中可供观赏的有几千种。我国习惯将兰花分为两大类，即洋兰（称热带兰更确切）和中国兰花（简称国兰）。西方人称中国兰花为东亚兰。日本人称中国兰花为东洋兰，称洋兰为西洋兰。中国兰花花型较小，含蓄素淡，清雅高洁，多有幽香。它主要分布在我国亚热带地区，与我国相邻的越南、泰国、缅甸、印度、日本等国也有分布。

中国兰花到底有多少种？据吴应祥的《国兰精粹》称："广义的中国兰花应该包括所有生长在中国的兰科植物。其中包括100多属1000多种。"通常人们指的狭义国兰有31种。目前国内较为广泛栽培的有春兰、莲瓣兰、春剑、蕙兰、建兰、寒兰、墨兰等七种。

中国兰花之美在于多姿多彩的花朵和叶片，以及淡淡的幽香，更在于它那脱俗的神韵。

一、兰花形态

了解兰花的形态特征是鉴别和鉴赏兰花的基础。兰花和其他花卉一样，有根、茎、叶、花、果、种子六个部分。果与种子对一般兰花栽培者和观赏者而言关系不大，下面着重介绍兰花的根、茎、叶、花。

（一）根

兰花的根属半气生肉质根，粗壮、肥大，呈半透明的淡黄白色，中心有一条线状木质中心柱。这是兰与草的重要区别。有些山草叶子酷似兰花，只要观其根部是否属肉质根，就一目了然了。兰花根部有共生的真菌，即根菌。兰花根系，储藏大量水分，因此，兰花耐旱性较强。

（二）茎

兰花的茎称假鳞茎，俗称芦头。假鳞茎的形状有圆形、扁球形、卵圆形、椭圆形等，因兰花品种不同而异。一般而言，春兰的假鳞茎呈球形，墨兰的假鳞茎呈椭圆形，建兰的假鳞茎呈扁圆形或圆形，蕙兰的假鳞茎不明显。所以假鳞茎是鉴别兰花品种的一个重要特征。假鳞茎上有节，每个节上长出一枚叶片或叶鞘。假鳞茎是储藏养分和水分的器官，兰花的花芽和叶芽都是由假鳞茎萌发而生。假鳞茎越肥大越饱满，苗就越壮，发芽率、开花率就越高。新生兰苗长出数枚叶片后，假鳞茎随之逐步形成和长大。假鳞茎肥大结实，就说明新苗已成熟，可望开花或再发新芽了。

龙根苗

山采兰单株幼苗多是种子直接萌发长成的（称实生苗），它没有假鳞茎，而有一满是疙瘩的根状茎，兰界称龙根。实生苗称龙根苗。有一种苗具有假鳞茎萌发的根状茎，广东兰友称为脐带，

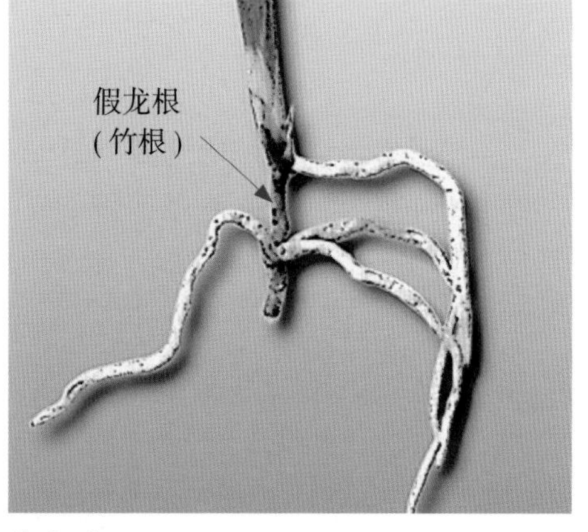

茎生苗

福建兰友叫假龙根或竹根。吴应祥称这种苗为茎生苗。这是由于假鳞茎被埋得太深，萌发的兰芽一时不能伸出土表，必须依靠根状茎不断伸长，穿过较深厚的土层在近土表面才能展开叶片，生长出新的植株。龙根和竹根形状有所相似，有些兰贩把茎生苗冒充龙根苗出售，以牟取暴利。有人认为龙根苗比一般下山兰更容易出艺或出好花，这是没有科学根据的。

（三）叶

兰花的叶片是兰花的营养器官，是进行光合作用，制造养分的“工厂”。叶片一般都呈长剑形。叶的数量因品种不同而异。如建兰 2~4 枚，墨兰、寒兰 3~4 枚，春兰 4~6 枚。不同兰花品种，叶片的形态也各有差别，如叶片的长短、宽窄，叶端是尖、圆或燕子尾（开叉）、阴阳嘴（又称鳝鱼嘴、鸟嘴），叶面是否平展或呈波浪状，质地薄厚、有无光泽，叶缘有无锯齿，叶柄关节（台湾、福建兰友称指环）是否明显（不明显称无指环）。这些都是鉴别兰花不同品种的特征。

弯垂叶（春兰宋梅）

兰花叶片的姿态是评价兰花品种观赏价值的标准之一，历来受到人们的重视。一般兰叶可分为立叶、半立叶、弯垂叶三类。严楚江教授将叶姿分为立形、折形、镰形和弓形四类。对兰花叶姿的欣赏各有所好，有的认为直立形刚强挺拔、顶天立地，可敬；有的认为弯垂形婀娜多姿、翩翩起舞，可爱；有的认为半立形刚柔兼备、恰到好处，可人。

（四）花

兰科植物花朵的基本结构都是由 3 枚萼片、3 枚花瓣和 1 个蕊柱组成。3 枚萼片也称外三瓣，中间一枚称主萼片，旁边对称的两萼片称侧萼片，又称肩。两侧萼片呈一条线者称平肩或一字肩，上翘者称飞肩，下垂者称落肩，下垂严重者称大落肩。传统鉴赏认为飞肩为极品，一字肩为上品，落肩为次，大落肩更次。3 枚花瓣也称内三瓣，由两枚捧心瓣（简称捧瓣）和一唇瓣（又称舌瓣）组成。不同兰花名品捧瓣形态各有不同，叫法也不同，有蚕蛾捧、观音捧、蚌壳捧、剪刀捧、猫耳捧等；不同兰花名品的唇瓣形态也不一样，叫法也不同，有大铺舌、如意舌、刘海舌、大卷舌等，还有变异的双舌、多舌等。中间是雌蕊和雄蕊合生在一柱体，称蕊柱，也叫鼻头（简称鼻）。兰花的香味就是从蕊柱散发出来的。

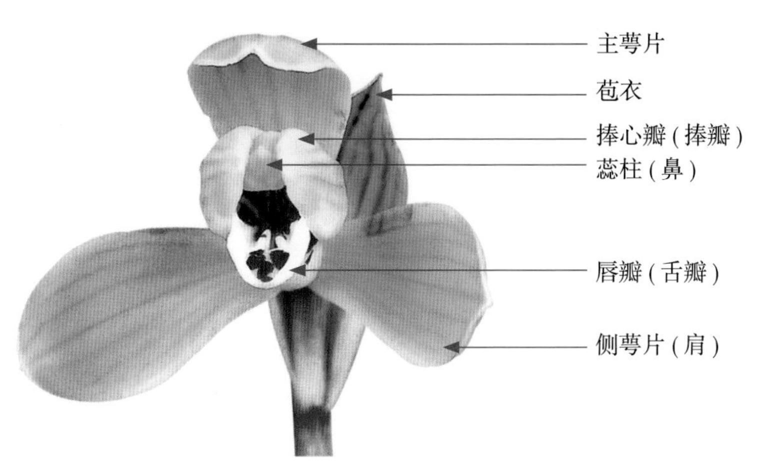

花的基本结构

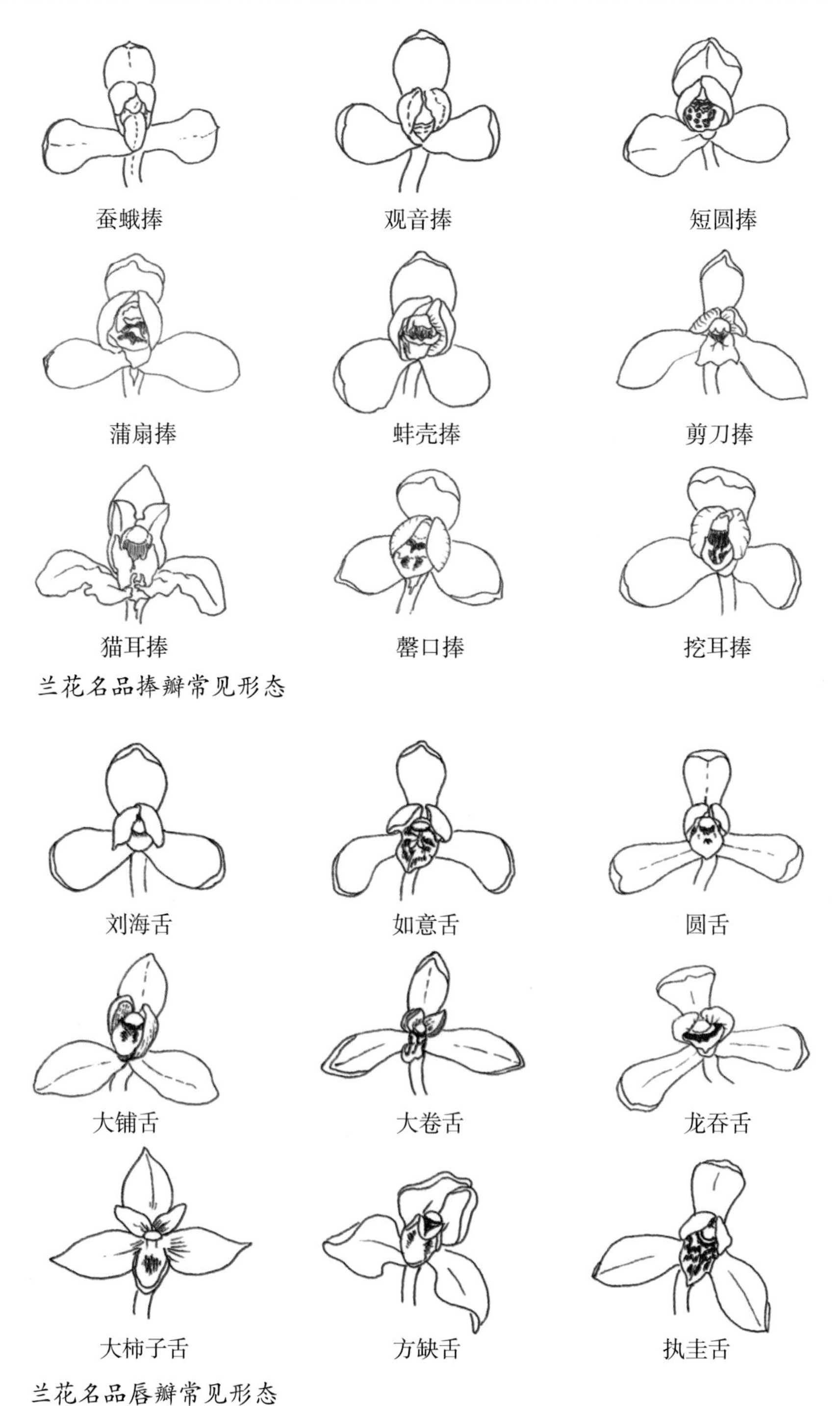

兰花名品捧瓣常见形态

兰花名品唇瓣常见形态

兰花的花莛也称花箭。它从成熟的假鳞茎基部长出，其高度对兰花的观赏价值有较大影响。一般一个假鳞茎只长出一支花箭，但若栽培得好，养分充足，也能长出 2 支甚至 3 支。一箭兰花朵数因品种不同而不同：春兰只开 1 朵，少数 2 朵；建兰开 4~8 朵，也有少数 10 朵以上；蕙兰、墨兰、寒兰可开十几朵，甚至 20 多朵。

兰花的香气特别宜人，这是人们钟爱兰花的重要原因。孔子誉其为“王者香”，宋人尊其为“国香”，清人敬其为“香祖”“天下第一香”。兰香清清幽幽，沁人心脾，有益于人们身心健康。“香气疗法”早有传闻。日本有“兰香救皇后”的传说。韩国在公共场所摆放盛开的兰花成为时尚。他们规定探望病人只许送中国兰花，认为其他鲜花花粉会引发病人的过敏症，所以韩国每年都要进口大量的中国兰花。

兰花花朵的颜色大多为淡绿色、淡黄绿色，清雅秀丽，但也有色彩鲜艳的，许多颜色在兰花中可见，甚至连黑色花也有。花朵色泽特别纯净或特别艳丽，均有观赏价值。古人对素花情有独钟，称兰以素为贵，这是基于中国传统文化的审美观。当然，这同素色兰花稀少也有很大关系。笔者所在山区盛产墨兰，但淡黄绿色素花山城绿在山采墨兰中占不到万分之一。除素花以外，还有素舌、素瓣等，也很有特色。

墨兰大花山城绿

二、兰花鉴赏

兰花鉴赏除注重香气之外，特别注重花形花色、叶形叶色以及株型的鉴赏。兰花的花瓣通常是窄、长、尖、平，形似竹叶，称竹叶瓣。若花瓣的形态或色彩出现明显不同于正常竹叶瓣的变异，即称之为花艺。兰花的花艺包括瓣型花、蝶花、奇花、色花等。兰花的叶片通常是黄绿色或深绿色，呈长剑形的形态。若叶片出现黄色、白色或透明的线条或斑块，即称之为叶艺。若叶形突变，褶皱、短而宽、起兜，形成特别的形态，即称之为型艺（如矮种等）。

（一）花艺

1. 瓣型花

瓣型花包括梅瓣、荷瓣、水仙瓣等。这种说法最早针对江浙春蕙兰而言，现沿用到莲瓣兰、建兰、墨兰等其他种类。

梅瓣（春兰宋梅）

梅瓣：外三瓣（即萼片）短圆，稍向内弯（即紧边）；捧瓣顶部增厚硬化，形成兜状（即起兜），紧抱蕊柱；唇瓣短而硬，不向后卷。典型者如春兰宋梅，蕙兰程梅，建兰一品梅等。

荷瓣：外三瓣基部收细（即收根），端部放宽（即放角），长宽比在 2：1 以内；捧瓣稍向内扣，不起兜；唇瓣宽而短圆，回卷或微下垂。荷瓣花花形端庄大气，加上“荷”与“和”同音，“人以和为贵”，所以很受推崇。春兰大富贵、翠盖荷，莲瓣兰荷之冠，春剑天府荷，建兰金荷等都是典型的荷瓣花。

荷瓣（春兰大富贵）

水仙瓣：外三瓣较梅瓣狭长，先端较尖；捧瓣或多或少起兜；唇瓣下垂或微后卷。典型者如春兰中的龙字、逸品，蕙兰翠丰，墨兰南国水仙。

水仙瓣（春兰逸品）

2. 蝶花

外三瓣（萼片）或捧瓣出现舌化变异，形似唇瓣，且多有彩色斑块，形似蝴蝶之翅者，称蝶花。捧瓣发生蝶化变异者称捧心蝶（内

蝶瓣（内蝶，春兰马蒙白彩）

蝶瓣（外蝶，春兰珍蝶）

蝶），侧萼片蝶化变异者称外蝶，萼片及捧瓣均蝶化变异者称全蝶。捧瓣完全蝶化成唇瓣状的捧心蝶称三星蝶或三心蝶。春兰珍蝶、虎蕊，莲瓣兰剑阳蝶、玉兔彩蝶，春剑桃园三结义，墨兰华光蝶、文山奇蝶，建兰宝岛仙女，都是蝶花名品。

三星蝶（墨兰金馥翠）

3. 奇花

兰花花朵一般有 6 个花被（3 个萼片、2 个捧瓣、1 个唇瓣），如其花被数量增多或减少，则称之为奇花。20 世纪 80 年代以来，兰花奇花品种不断涌现，兰花的鉴赏观念也发生了很大变化，多外瓣、多捧瓣、多舌、多鼻等奇特花形备受青睐。就拿墨兰来说，多瓣多舌的大屯麒麟、玉狮子、瑶池一品、国香牡丹等，以及花莛多分枝、花上有花的神州奇，花轴上每一节都丛生 3~8 朵花的佛手，花朵聚结在花莛顶上似结球状的飘逸等，都属此类。

多瓣奇花（建兰富山奇蝶）

聚顶花（墨兰飘逸）

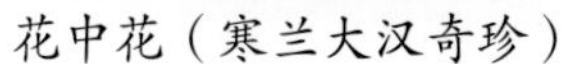
花中花（寒兰大汉奇珍）

少瓣奇花（寒兰新品）

4. 色花

广义的色花，包括色花（狭义）、复色花和素花。兰花花朵色泽特别艳丽或色泽特别纯净的，也有较高观赏价值，称色花（狭义）。由两种艳丽色泽构成花色的，称复色花。唇瓣无杂色斑，花色纯净的，称素花（素心）。

色花（豆瓣兰九州红梅）

复色花（蕙兰鸡尾酒，陆明祥摄）

素花（建兰丹霞白素荷，覃俭摄）

（二）叶艺

叶艺是指在兰花绿色的叶面上出现金黄、银白、深绿的边缘、线条、斑纹、斑块。兰花的叶艺多姿多彩、变化万千，这在众多花卉中是独一无二的。

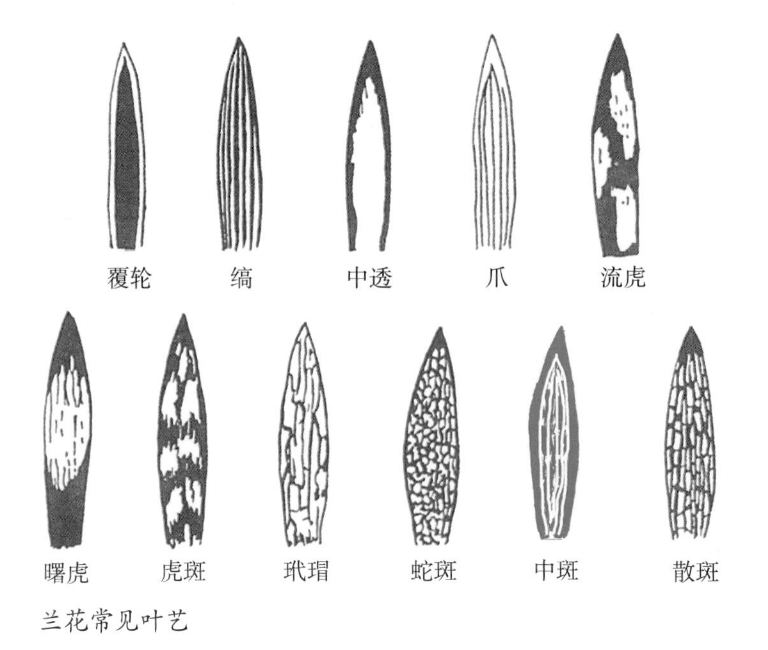

兰花常见叶艺

1. 爪艺

在叶尾两侧出现黄色或白色短线条，称爪艺。

爪艺（墨兰招财进宝）

2. 覆轮艺

叶片以金黄或银白的线条镶边，称覆轮艺，俗称金边、银边。

覆轮艺（春兰帝冠）

3. 中斑艺

叶片上有数条线自叶柄至叶端，但未出尾，称中斑艺。

中斑艺（墨兰爱国）

4. 斑缟艺

在中斑基础上，叶片上线与线之间密布呈雾状的细线，称斑缟艺。

斑缟艺（墨兰旭晃锦）

5. 中透艺

叶片中部布黄色或白色粗大线条，且不出尾，称中透艺。

中透艺（春兰线艺）

6. 斑艺

斑艺是指叶片中镶嵌着与绿叶色泽不同的点、斑块或线段。斑艺有如虎皮斑块的虎斑，如蛇皮斑纹的蛇斑。还有分布横向透明晶体线段的琥珀艺等。

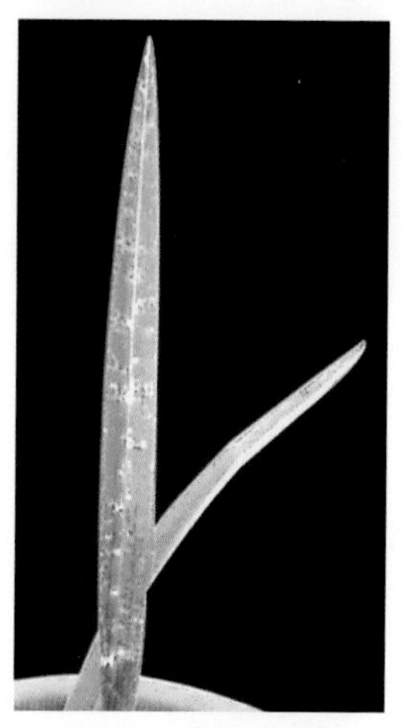
琥珀艺（墨兰新品）

虎斑艺（春兰叶艺，吴立方摄）

蛇斑艺（寒兰新品）

（三）型艺

型艺是指兰花叶片形态奇特，具有某种奇巧的外形。

1. 矮种

矮种兰植株矮小，叶片肥厚多肉，叶端圆，株形奇巧雅致，堪称兰族中的“小人国”。1973年发现于台湾省花莲山区的墨兰达摩是典型的代表。现已培育出达摩品种50多种。此后，在大陆各地也陆续发现山采矮种墨兰、矮种建兰、矮种春兰等。

矮种（墨兰新品）

2. 水晶艺

水晶艺兰叶面上镶嵌着晶莹玉润的斑块、条纹等变异组织，叶姿苍劲奇美。特别是变异的晶体组织汇集于叶片的顶部（叶端），在晶体组织的扩展作用下，形成姿态各异的奇异动物头形，活灵活现，惟妙惟肖。有人把水晶艺分为龙形水晶艺、凤形水晶艺和虎形水晶艺。

水晶艺（墨兰奇异水晶）

3. 叶蝶

叶蝶是指叶片的质地、色彩变异成唇瓣状，即发生蝶化。常发生在蕊蝶品种心叶叶缘或叶尖。

4. 奇叶

奇叶是指叶片产生质厚、粗糙、行龙、扭曲或褶皱变异，形成奇特新颖的株形。

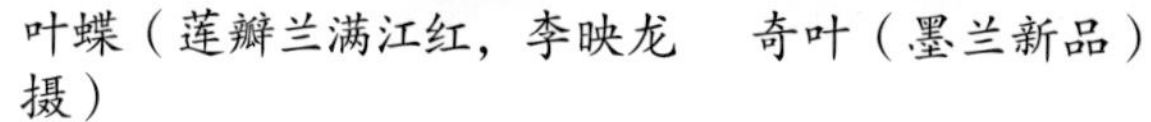

叶蝶（莲瓣兰满江红，李映龙摄）

奇叶（墨兰新品）

三、兰花品位辨识

兰花株形典雅，花姿优美，叶态脱俗，幽香四溢，自古许多文人墨客都为之吟咏挥毫，从而逐渐形成了独特的中华兰文化。古人赏兰多重其气质，喻兰抒情，讲究端庄、正格、高洁和素雅。随着时代的发展，品种的增多，兰花已成为商品，人们对它的鉴赏理念也发生了很大的变化，追求奇花异叶也成为潮流。如今，人们的赏兰观呈多元化格局。

（一）兰香

兰香独特，清清幽幽，沁人肺腑。兰香香味独特，迄今仍无法人工合成。不香的兰花自然被列为劣品，微香的兰花列为次品。豆瓣兰无香气，一些产于河南或安徽的春兰也没有香气或仅有草香气。不同兰花品种香气各异，品位也不相同：幽香者优于淡香，

淡香者又优于浓香；香气时间持久者优于短暂者。一般认为，春兰的香气最佳，为幽香的代表。

但是，兰花香气浓度不仅取决于兰花品种固有的特性，而且还受到兰株本身是否健壮、植料营养成分是否齐全以及光照强弱和气温高低等外界因素的影响，这也是鉴赏兰花香味时应注意的问题。

豆瓣兰一般没有香味（杨开摄）

（二）叶片

叶艺兰的艺向变化万千，多姿多彩，有爪艺、覆轮艺、缟艺、中斑艺、中透艺、云井艺、斑艺等。各种叶艺兰格调不一，品位悬殊。就一般而言，叶艺兰品位高于青叶兰；斑缟艺、中透艺品位最高，普通缟艺次之，覆轮艺又次之，爪艺为下品；白缟艺高于黄缟艺。叶艺兰可供常年观赏，在莳养过程中又变化万千，既可能进化为更高品位的艺向，也可能退化为较低品位的艺向，有时又会失而复得，所以很值得研究。

除了叶艺兰外，还有叶形奇特的型艺兰，如叶形短圆的矮种，形态奇特的水晶艺，叶色斑斓的叶蝶，叶面褶皱行龙的奇叶等变异品系。矮种以叶短阔者为佳，水晶艺以晶体充盈明丽者为佳，叶蝶以蝶化面积大者为佳，奇叶以叶姿或叶质奇特者为佳。

万代福艺向从中斑艺向中透艺进化

（三）花朵

瓣型花品位的高低主要看其花容是否端庄、结构是否圆结（外瓣短阔、捧瓣合抱、唇瓣不卷曲者为佳）、质地是否厚实柔润、瓣形是否规整，花、叶相衬是否和谐等。

莲瓣兰粉荷为正格高品位荷瓣，加之色彩娇艳，堪称珍品

蝶花则看其蝶化程度、色彩对比度，以蝶化程度高、色彩对比度强者为佳。三星蝶品位较高。

奇花以花瓣数量繁多，色彩绚丽者为佳。花形似牡丹、菊花等均为珍品。

色花花色越奇特越鲜艳，品位越高。复色花以两种色对比度越大越佳。素花以质地如冰似玉、色彩特别素洁或明丽者为上，色花、复色花、素花的品位还取决于其瓣形的优劣。

（四）多优兼有品种

所谓多优兼有品种是指一株兰花兼有几种高品位鉴赏点的品种，如：花艺双优的素梅瓣花、梅型蝶瓣花、素荷瓣花、素蝶花、素奇花等；叶艺双优的奇叶水晶兰、矮种线艺兰；叶艺、花艺兼有（花叶双艺）的爪艺白墨（素

春兰绿云，兼有荷瓣花和奇花两个花艺（叶建华摄）

花、爪艺）、银华（素花、缟艺）、白玉素锦（素花、斑缟艺）；矮、奇、艺三者兼有的达摩冠、文山佳龙等。多优兼有品种一般都属于珍贵名品。

春兰磐安山水，兼有花艺、叶艺（吴立方摄）

墨兰矮种一品荷，花为荷瓣，兼有型艺、花艺

建兰大叶铁骨素出线艺，兼有花艺、叶艺（刘志云摄）

附：兰花名品名号一览表

名　号	品　种
春兰老八种	宋梅、龙字、集圆、万字、汪字、小打梅、贺神梅、桂圆梅
春兰四大天王	宋梅、龙字、集圆、万字
春兰四大名兰	宋梅、龙字、集圆、汪字
国兰双璧	宋梅、龙字
春兰皇后	绿云
荷瓣代表	大富贵
梅瓣代表	宋梅
水仙瓣代表	汪字
荷形水仙瓣代表	龙字
梅形水仙瓣代表	西神梅

续表

名　号	品　种
蕙兰老八种	大一品、程梅、关顶、元字、染字、上海梅、潘绿、荡字
蕙兰新八种	楼梅、翠萼、极品、庆华、江南新极品、端梅、崔梅、荣梅
建兰三大名品	宝岛仙女、玉雪天香、复兴奇蝶
建兰三大奇花	富山奇蝶、宝岛金龙、四季玉狮
墨兰五大奇花	大屯麒麟、国香牡丹、玉狮子、馥翠、文山奇蝶
墨兰线艺四大天王	大石门、金玉满堂、龙凤呈祥、瑞玉
墨兰白爪艺四大金刚	招财进宝、白海豚、闪电、祥玉白爪
滇兰五朵金花	剑阳蝶、苍山奇蝶、奇花素、滇梅、黄金海岸
川兰四大名花	雪兰、朱砂、隆昌素、牙黄素
川兰五朵金花	大红朱砂、西蜀道光、银杆素、隆昌素、金鸡黄
云南四大传统名花	大雪素、小雪素、朱砂兰、通海剑兰
广东四大家兰	企墨、白墨、金嘴、银边

四、兰花名品欣赏

（一）春兰

春兰又称草兰、山兰、扑地兰、朵朵香等，是最广泛栽培的兰花种类之一。春兰植株较小，假鳞茎很小、球形。叶片 4~6 枚集生，宽 0.5~1.2 厘米，长 20~40 厘米，边缘有细锯齿，弯垂。花莛直立。花单生或两朵，绿白色或黄白色，花径 4~5 厘米。萼片长 3~4 厘米，宽 0.6~0.9 厘米。清香四溢。花期春季 2~3 月间，因此而得名。春兰主要分布在浙江、江苏、江西、福建北部。近几年来，四川、云南、贵州等西南省份也有不少野生春兰和春兰变种得到开发。

春兰有一个缺陷是花不出架，有碍展现芳容。此外，春兰一般必须在气温 10℃以下经历 1 个月时间才能分化花芽（植物生理学上称春化作用），所以在自然气温高于 10℃的暖冬地区，经常出现哑花（花苞枯萎）。

江浙栽培春兰历史悠久，选育了许多名贵的传统品种，如：荷瓣的大富贵、翠盖荷等，梅瓣的宋梅、方字、集圆、万字、小打梅、贺神梅等，水仙瓣的龙字、汪字、春一品、宜春仙等，蝶瓣的四喜蝶、簪蝶、蕊蝶、梁溪蕊蝶等。

瑞梅 低价梅瓣花。

不同品种，由于其栽培难度和发芽率的不同，其保有量不同，市场价位也不同。一些高品位的春兰传统名品，经长期栽培，保有量大，市场价位低，建议初学者选择这些低价高品位品种。这些品种不但购买费用低，而且易于栽培，是首选的入门草。

贺神梅 低价高品位梅瓣花。（品芳居摄）

绿英 低价高品位梅瓣花。（文荷摄）

集圆 低价高品位梅瓣花。

珍蝶 低价高品位外蝶花。

大富贵 又名郑同荷，春兰荷瓣的典型代表。（品芳居摄）

环球荷鼎 荷瓣花。（品芳居摄）

万青荷 正格荷瓣新品，品位高。（吴立方摄）

翠盖荷 荷瓣花。（品芳居摄）

余蝴蝶 多瓣多舌多蕊柱奇花，低价高品位。

海晨梅 梅瓣花。（吴立方摄）

逸品 水仙瓣花。（叶建华摄）

大团圆 人工杂交荷瓣花，低价高品位。

龙字 荷形水仙瓣。（品芳居摄）

霸王荷素 素花。（吴立方摄）

梁溪蕊蝶　蕊蝶花。

天彭牡丹　多舌多瓣奇花，低价高品位。（陆明祥摄）

大元宝　三星蝶。（钱宏元摄）

碧瑶 低价高品位蕊蝶花。（吴立方摄）

虎蕊 蕊蝶花。（吴立方摄）

开元 高价三星蝶花。（陆明祥摄）

大雪岭 叶艺、花艺兼有。（吴立方摄）

金秋 中透艺。（吴立方摄）

（二）莲瓣兰

莲瓣兰叶片质地较软，弓形弯垂，长35~60厘米，宽0.4~0.6厘米。花期12月至翌年3月。花莛不出架，一秆有花2~4朵。花径4~6厘米。花以白色为主，略带红色、黄色或绿色。萼片三角状披针形，花瓣短而宽、向内曲，有深浅不同的红色脉纹，唇瓣反卷、有红色斑点。花清香。

莲瓣兰主产于云南西部和川南地区。传统莲瓣兰有小雪素、大雪素等，近些年选育了大量高品位的瓣型花、色花、奇花等。

点苍梅　低价高品位梅瓣花。（杨开栽培）

剑阳蝶　侧萼片蝶化，低价高品位花。

奇花素　素色奇花，低价高品位。（李映龙栽培）

镇荷　荷瓣花，矮种。（杨开摄）

云熙荷 高价高品位荷瓣花。（胡钰摄）

金沙树菊 高品位树形奇花。（杨开摄）

胭脂红莲 红色花。（杨开摄）

玉兔彩蝶 低价高品位蝶花。（史宗义供）

丽江星蝶 捧心蝶名品。（刘刚摄）

心心相印 舌瓣上心形红斑艳丽，低价高品位。（杨开摄）

红舌莲瓣 殷红舌瓣白覆轮。（李映龙栽培）

甸阳金荷 金黄色荷瓣花。（杨开摄）

碧龙玉素　低价素花。（李映龙摄）

如意素荷　荷形素花。（胡钰摄）

白雪公主　洁白素花，低价高品位。（杨开摄）

国色天香　多瓣多舌蝶化奇花。（李映龙摄）

（三）春剑

春剑又称巴茅兰、牛草兰。叶直立丛生，5~7 枚，呈剑形，长 50~70 厘米，宽 1.2~1.5 厘米，边缘粗糙具细齿。每年 1~3 月开花。花莛高 20~35 厘米，一秆花 3~5 朵。花径 5~6 厘米。花浅黄绿色，清香。萼片披针形，长 3.5~4.5 厘米，宽 1~1.5 厘米。花瓣较短，长 2.5~3 厘米，宽 1~1.2 厘米。

春剑主产于四川省。传统名品有西蜀道光、隆昌素等。近些年选育了大量奇花、色花等。

西蜀道光 低价素花。（胥尧摄）

血莲春剑 红色花。

玉海棠 高品位梅瓣花。

银丝雪玉 叶艺，素花，高价高品位。

感恩荷 高价荷瓣花。（杨开摄）

典荷 红色荷瓣花。

学林荷 高品位荷瓣花。（胡钰摄）

皇梅　低价高品位梅瓣花。

春剑大富贵　科技草，低价高品位荷形花。（梅子欣摄）

桃园三结义　低价高品位三星蝶。

金碧辉煌　黄色素花。（胡钰摄）

五彩麒麟 多瓣蝶化奇花。（胡钰摄）

天府红梅 红色梅瓣花。

长旺 斑缟艺。（陈少敏供）

（四）蕙兰

蕙兰又称夏兰、九节兰、九华兰等。根粗而长，假鳞茎不显著。叶 5~7 枚，长 30~75 厘米，宽 1 厘米左右。直立性强，横切面呈 V 形，边缘有粗锯齿，中脉透明。花莛直立，一秆花 5~12 朵，大出架。花色浅黄绿色，香味略逊春兰。花期 3~5 月。

蕙兰主要分布在我国秦岭以南各省区。浙江、江苏是主产地。蕙兰是较耐寒的种类之一。

蕙兰传统名品有大一品、金岙素、程梅、崔梅、荡字、解佩梅等。近些年，从陕西、湖北等地下山了大量奇花等。

程梅 高价高品位梅瓣花。（品芳居摄）

元字 高品位水仙瓣花。

端蕙梅 低价高品位梅瓣花。（春华摄）

江南新极品 低价高品位梅瓣花。

染字 梅瓣花。（陆明祥摄）

大一品 荷形水仙瓣花，低价高品位。

绿牡丹 多瓣多舌多蕊柱奇花，高价高品位。（吴立方摄）

郑孝荷 荷形水仙瓣花，低价高品位。

朵云 皱角波形梅瓣花，高价高品位。（吴立方摄）

翠丰 荷形水仙瓣花，高价新品。

金岙素 高品位素花，栽培难度大。（吴立方摄）

国荷素 荷形水仙瓣素花，价位高。

忘忧 梅瓣新品。（胡钰摄）

紫砂星 高价高品位三星碟。（吴立方摄）

解佩梅　低价高品位梅瓣花。（陆明祥摄）

崔梅　梅瓣花。

红色花　胭脂色花。（陆明祥摄）

天鹅　中透艺。（陈少敏供）

（五）建兰

金皱红荷　低价荷瓣花。

建兰又称秋兰、骏河兰、剑叶兰。因为一年能多次开花，又称四季兰。建兰假鳞茎椭圆形或圆球形，其大小因品种不同而异。叶 2~6 枚丛生，翠绿色，长 30~60 厘米，宽 1~2 厘米，有光泽。花莛多出架，高 25~40 厘米，一秆花 4~10 朵。花径 4~5 厘米，花清香。花期 6~11 月，是开花时间跨度最长的国兰种类。

福建省盛产建兰，有“建兰故乡”之誉。宋代赵时庚的《金漳兰谱》记载的白兰奇品鱼鱿兰就产于福建龙岩地区。此外，建兰还分布于广东、广西、台湾、江西、云南、贵州、四川、湖南等省区。

建兰的栽培历史悠久，民间选育有许多名优品种，如银边大贡、金丝马尾、观音素、永福素、铁骨素、龙岩素、凤尾素、仁化白、龙岩十八开、十六罗汉、十三太保等。近些年，四川、台湾等地选育了大量瓣型花、奇花、色花。

夏皇梅　梅瓣花，花小。

蚕丛梅　梅瓣花。

端字　梅瓣新品。

一品梅　低价高品位梅瓣花。

红一品 低价高品位梅瓣花，花小（胡钰摄）

红梅 红色梅瓣花。（胡钰摄）

新品 梅形水仙瓣。

梅蝶 梅瓣蝶花。

荷王 低价荷瓣花。(小农供)

刘杨荷 荷瓣花。

宜宾荷仙 低价高品位水仙瓣花。（黄光其摄）

市长红 低价高品位红色花。（郑为信摄）

七仙女 台湾产低价素花，舌瓣变异成萼片状。

白牡丹 低价荷形素花。

日月宝 矮种，素花，品位高，栽培难度大。

富山奇蝶　多瓣奇花，低价高品位。

大叶骨铁素（大荷素）　黄绿色宽瓣花，低价高品位。

大唐宫粉　水仙瓣素花。（小农供）

兰陵牡丹　多瓣多舌奇花，花中花。（刘志云供）

紫薰上仙 红色花镶白边，水仙瓣。（刘志云供）

多瓣奇 多瓣奇花。

玉白丹红 乳白色花，舌斑艳美。（叶劲松摄）

赤诚 花瓣基部及舌瓣为紫红色。

白雪冰心　素花。

叶艺大凤素　花叶双艺品种。

漓江雪　雪白素花。（刘志云供）

火树红冠　红色花。（汤开摄）

满堂红　荷形红色花。（王秉清供）

吹吹蝶　捧瓣、唇瓣完全蝶化。（胡钰摄）

青山玉泉　绿爪白花，低价高品位。

宝岛仙女　低价高品位蝶花。（郑为信摄）

彩虹出艺　彩虹出中透艺，低价高品位。

峨眉弦　川产叶艺名品。

（六）寒兰

寒兰有明显的假鳞茎。叶暗绿色，3~7 枚丛生，长 35~70 厘米，宽 1~2 厘米，有细叶、宽叶之分。直立性强，略有光泽，叶缘有锯齿。花莛直立大出架，花疏生，一秆花 8~12 朵。萼片长 4~5 厘米、宽 0.4~0.8 厘米。花被有淡绿白色或黄绿色、青绿色、紫红色等，有香味。花期 11 月至翌年 2 月。花秆有青色和紫色两种。严楚江把福建省南靖县山区分布的寒兰分为紫秆中华寒兰和青秆中华寒兰。寒兰以素花最名贵。

寒兰主要分布在福建、浙江、江西、湖南、广东、广西、云南、贵州、四川等省区，日本也有分布。寒兰因花期长而同混生的春兰、建兰和墨兰花期重叠，经虫媒、风媒传粉而产生杂交品种较多，有夏末开花的夏寒兰、春季开花的春寒兰等。

覆轮花 黄绿复色花。

素舌复色花 花黄覆轮，舌素净。

硬捧　青花硬捧寒兰。

一品红　红舌花。（杨和平供）

新品梅　高品位梅形水仙瓣，外瓣顶部带红晕。

兄弟情 高品位花叶双艺品。（杨和平供）

硬捧 花形合抱状。

百合梅 梅形水仙瓣，外瓣桃形。

宽瓣素 高品位素花。（温建龙摄）

红花新品　黄舌，水仙瓣　（刘志云供）

斑马　高品位复色花。（胡钰摄）

红绿花　花形端庄秀丽。

新品　舌瓣上红斑艳丽。（胡钰摄）

大汉奇珍 多瓣多舌奇花，花中花。

三星蝶 下山新品。

寒兰线艺 缟艺、中透艺。

（七）墨兰

墨兰因花色多为紫褐色，近似黑墨而得名。墨兰又因花期于春节期间而被称为报岁兰、拜岁兰。墨兰假鳞茎呈椭圆形。根一般粗细，较长。叶近革质，宽而厚实，深绿色，有光泽，3~5 枚丛生，呈剑形，长 60~80 厘米，宽 2.5~4.5 厘米。花莛直立，大出架，一秆花 5~18 朵。清香宜人。花期 11 月至翌年 3 月。分布于福建、台湾、广东、广西、云南等省区，毗邻我国的越南、缅甸、印度也有分布。

墨兰花艺、叶艺品种繁多，新品层出不穷：有叶片宽而短的矮种墨兰；有金边、银边、中缟艺、斑艺的叶艺墨兰；有正格的梅瓣、荷瓣、水仙瓣墨兰；有多舌多瓣的奇花墨兰和千姿百态的水晶墨兰等。墨兰的稀有新品备受兰友的青睐。

闽西红梅 低价高品位梅瓣花。

金太阳 高品位花叶双艺品。

大黄金 高品位水仙瓣花。（黄荣汉供）

新品水仙 水仙瓣花，飘而不野。

闽南大梅 福建南靖下山梅瓣花，低价高品位。

白墨 低价素花。

朱金墨兰 朱金色花。

香山奇红 多瓣多舌奇花。（黄荣汉供）

绿花红 红舌镶白边。（魏昌摄）

喜庆仙子 红色花。（魏昌供）

玉莲花　多瓣多舌蝶化奇花。（魏昌供）

瑶池一品　多瓣多舌多蕊柱奇花,品位高。

国香牡丹　多瓣蝶化奇花，低价高品位。

双美人　花叶双艺品，低价高品位。

墨兰外蝶奇花　外瓣蝶化。

绿飞雁　素花。

多奇素　素色奇花。(刘振龙等栽培)

潮州素荷　素花。

神州奇　花上花，低价高品位。(刘亚林栽培)

大勋　叶艺墨兰，花色鲜艳，低价高品位。(李信志栽培)

墨兰外蝶　外瓣蝶化。

素心双艺　花叶均具中透艺。（刘志云供）

万代福　艺向多变。（李信志栽培）

瑞晃 中透艺。

泗港水 中斑缟艺，低价高品位。

达摩 中透艺。